I0478694

DIE WEISSE PYRAMIDE

WISSENSCHAFT UND FORSCHUNG

1. Der Autor berichtet:

Pyramide - weiß - Marmor - im Umkreis von 80 Km/h wandelt ein Rechner alles in Melodische Klänge um...rund um die Uhr - ein über Computergesteuerter Staub und Schmutzentferner auf ELEKTROMAGNETISCHER BASIS - wird veranlasst Schmutz, Staub und der gleichen immer sofort zu entsorgen. Kristallglas - Spitze hebt sich bei gutem Wetter.

Wenn man die Pyramide betritt scheint sie völlig leer zu sein - ein Computer passt sich all dem an was Sie brauchen. Teilweise werden auch Visuelle Reize von Medien wieder gegeben, wenn Sie DARAN nur DENKEN:

Im Unteren Teil des Anwesens befinden sich SAMMLUNGEN - unter anderem die größte Sammlung verschiedener Musikinstrumente.

Boden: 6cm Mitternachtsblau - Bodenbelag - Kunstfaser -

Im Labor können Sie Ihr aussehen mit einer Injektion für 100 Jahre auf Dauer bestimmen. Es gibt für alles Bedienstete (CUMPUTER) - wir sehen das nüchtern -

Hier wohnen nur Frauen und das ICH.

D. L. F

2. Die Autoren

3. The 4 Cuties - Freundinnen

4. Forschung aus Par1 The 4 Cuties – Freundinnen – die Autorin berichtet:

Die lieben Cuties

Cute bedeutet im englischen süss, niedlich – Cuties: Schätzchen, süßer Fratz und das sind die Girls auch. Selbstbewusst präsentieren sie sich auf den Bildern, keine Pornographie, sie spielen, keine bietet sich an. Knuddelig. Sie freuen sich, das ist echt, und die Ausstrahlung wirkt durch die Bilder – sexuell erregend, ich bin nicht lesbisch – Sondern verheiratet. Für sexuelle Erregung sind porn. Filme Seelenqualen, ich will niemals mehr Menschen beim Sex zusehen –der Schmerz bohrt sich in meine Seele – Nur Mädchen! Dirk und ich sind 12 Jahre verheiratet und alles begann mit Lindsay Marie. Plötzlich baute ich acht Websites mit Bildern einer mir unbekannten Frau, die ich jedoch lieb und attraktiv fand. Dann sahen wir ein Stripteasevideo mit Musik von Lindsay, das ist immer wieder 31 schön. Lindsay tanzt für uns. Und Dirk und ich haben 3000 Bilder bis jetzt von Mädchen, Frauen - und Cuties, die ich erst seit ein paar Monaten bemerkt habe. Das ist ideal für Ehepaare, aus psychologischer Sicht - ich war nicht mehr eifersüchtig auf Frauen, die „besser" als ich aussahen - ich gehöre dazu. Feldforschung, Statistik, Studie - eine Hilfe für viele Paare - auch offen reden, so und dann Livecam, da ist es schon anders. Da wurde ich einige Male wütend, böse. Aber ich selbst hatte die Idee, Free Live zu sehen - der Stress bohrt in unserem Nacken, diese Zeilen zu schreiben, überhaupt die Bücher sind Luxus für mich. Wenn ich in den

Büchern lese über Stress, kann ich nur mit dem Kopf schütteln, über was ich mich früher aufgeregt hatte, schlechte Laune bekam. Es begann am Muttertag. Dirk und ich haben keine Zeit, das lange zu analysieren, da es so verrückt ist, doch real. Aber jetzt zu den Cuties, natürlich hab ich eine Sammlung zusammengestellt.

5. Bild über Vorstellung der Autorin – Inneneinrichtung

6. Weltweite Veränderung - aus Global Reform - der Autor berichtet:

Globalreform - Statement 10.12.2014 Das System vom ich rede habe ich bereits 1989 getestet, es funktioniert auf die gleiche Weise, gleiches Prinzip, 100 % Wird bereits in Australien zur Steigung der Gesamtleistung (Öffnet beim Gamer nicht bewusste Areale) vertrieben ich habe den Bericht nur überflogen, es wird ca. $ 250,00,- verkauft. Sobald ich es wieder finde teile ich es Ihnen mit. Keine Einwände der Psychiater. Mein System das ich seit 1986 weiter ausbaue wurde in Phasen von 2 - 6 Jahren getestet. An mir selbst getestet, damals noch ein Satellit - anfangs zur Fehlersuche im Eigenen ICH, bei jedem Gedanken: „Was könnte ich meinem

Mitmenschen Antun", elektrische Stromschläge, unangenehm, zunächst, später dann erwünscht. (Einfacher - Entwurf) Ursprünglich stammt der Gedanke - dieser Idee aus der Verbrechensbekämpfung - Ziel Harmonie in allen Gesellschaftlichen Schichten, da meine Familie nur logisch denkt - wurde meine eigene Idee an mir ausprobiert. Nach dieser Reinigung, ich verstand nicht erst mal nicht mehr warum Menschen Verbrechen begehen - teilweise war das so schlimm das ich erbrechen musste - 1 - 2 mal, weil Menschen in meiner unmittelbaren Umgebung die über Greul taten sprachen - besonders im Bereich, was Menschen alles mit Frauen getan haben, die mangelnde bis gar keine Achtung, vor Familien - das nicht angefragte selbstverständliche

EINDRINGEN in private Tabubereiche, beziehe ich jetzt nur auf das Geistige, Überwachungen - Tests nach unbegründeten Rechten die an Größen festgemacht wurden - oder auf nicht eigenem Wissen basierten, welches anstatt wie normal zu teilen benutzt wurde seinen Bruder oder seine Schwester in einer Art zu nutzen - die gemessen an Intelligenz seit 1986 für diesen Planeten geklärt werden musste. Aus meiner Sicht gesehen - diese Art von Vorgehen halte ich persönlich für den Auslöser der „sehr schweren Krankheit" Katatonie.

Ein paar kurze Sätze: Wir werden in einer Welt leben, in der niemand sterben muss, der nicht will. Gerade für Sie denke ich mir, muss es wohl genauso unverständlich sein, warum wir unsere Technologie nicht schon lange richtig nutzen.

Über Mr. Sorbo, ich möchte Ihnen an dieser Stelle, bzgl. Ihrer Mitteilung Danke sagen. Es gibt sehr viel zu tun, wie Sie aus diesem kleinen Bericht heraus ersehen können. Ein paar kurze Sätze: Wir werden in einer Welt leben, in der niemand sterben muss, der nicht will. Gerade für Sie denke ich mir, muss es wohl genauso unverständlich sein, warum wir unsere Technologie nicht schon lange richtig nutzen.

Es gibt keine Mittelschicht mehr – sondern immer mehr Menschen die sich entdecken - die beginnen zu schreiben, die Androiden sind unsere Versicherung, viele andere, ich auch haben bestimmt schon oft über die Maschinen, die wir heute schon haben, wie z.B. unser IPhone lachen müssen. Zum einem sage ich z.B. mal, als meine Frau schon schlief, Du es geht mir nicht gut, kannst du mir irgendwie helfen, sie sagte, lass mich „nachdenken", dann sagte sie, ich weiß einen Witz pass auf: „Treffen sich zwei IPhone's. Hilft das?" Meine Frau fragte Siri, da hatte sie ihr IPhone noch ganz neu, darf ich lügen, da antwortete Siri: „Das kann nicht sein." Meine Frau hat 14 Tage kein Wort mehr mit dem IPhone gesprochen. Wir müssen immer bedenken, dass wir diese Maschinen erschaffen! Also wenn Sie nur so reagieren können, Sie werden nur das aus dem Internet herauslesen können, was wir an Wissen hineintun, wenn wir unverantwortlich damit umgehen, dann spüren wir das selbst, dann spüren wir uns Selbst, dann erfahren wir uns, dann sind wir GOTT – eine Einheit und nur so wird das Sterben aufhören, und wir werden endlich ins Universum expandieren und neue Planeten erkunden. Mit allem anderem ist jetzt einfach Schluss. Fertig.

Es gibt einen GOTT. Sie selbst sagen, dann muss er es beweisen. Es gibt nichts mehr zu beweisen, alles klar? Ein Mensch sagt dies hier heute - wie kann das sein, was soll die Fragerei überhaupt noch, hatten Sie Gottes bewussten - dann hätten sie es getan. Danke. (Vor 2 Wochen - wurde ich einfach so sterilisiert, oder wird man wegen einem Finger der genäht werden muss in Kranken - betreut von einem 8 Köpfigen Ärzteteam - 2 Polizisten die Wache hielten, wissen Sie warum ich nichts tue in dieser Angelegenheit - Irgendwer, ich habe darum gebeten- damit mir ein Mensch glauben kann, hat das gleiche bei meiner Frau getan, aber nur weil sie es so wollte. Ich finde es Mutig und Lustig von meinen Mitmenschen, aber auch nur deshalb weil ich meine zerstörten Augen auch selbst repariert habe.) Ich zeige Ihnen gleich noch etwas - etwas was WILLENSKRAFT vermag. Nur 2 Bilder. Dirk L. Feiler

Oberster Befehlshaber ist der US-Präsident Dirk L. Feiler. Warum habe ich diese Position schon so lange - klar ich bin IRRE - wenn Sie meinen - stimmt nicht - ich hatte nur nicht wenig Zeit mich zu bilden. Trotzdem meint der gute Barack, es geht nicht ohne Dich, sorry Barack - dummes Spiel ich weiß! Wollen Sie ein Wunder? Wenn Sie das wollen dann wäre ich aber sehr, sehr nett zu mir an Ihrer Stelle - irgendwie ist die USA gegenüber z.B. Google hilflos? Oder so was. Der Planet ist eine kleine Welt voller Kinder. Ich kenne Gott - für

dieses Wesen sind wir so was wie 1 Cent ... Trinkgeld. Passen Sie auf was sie tun, das lesen auch gebildete Menschen. Bildung die Sie nicht einmal richtig nutzen ... llol - Ich hab ´Sie alle lieb! Vorsicht ISIS ist ab heute nicht mehr in: Ab jetzt werden Wunder herrschen. Klingt auch schöner IS is - ich esse so viel und wann ich will 65 % der Menschen geben mir recht. Oder möchten So 0%. Sorry, bin nur sauer. Fragen Sie Kevin Sorbo. Vielleicht erzählt er Ihnen etwas was greift! Warum habe ich diese Position schon so lange - klar ich bin IRRE - wenn Sie meinen - stimmt nicht - ich hatte nur nicht wenig Zeit mich zu bilden. Trotzdem meint der gute Barack, es geht nicht ohne Dich, sorry Barack - dummes Spiel ich weiß! Wollen Sie ein Wunder? Wenn Sie das wollen dann wäre ich aber sehr, sehr nett zu mir an Ihrer Stelle - irgendwie ist die USA gegenüber z.B. Google hilflos? Oder so was. Der Planet ist eine kleine Welt voller Kinder. Ich kenne Gott - für dieses Wesen sind wir so was wie 1

Cent ... Trinkgeld. Passen Sie auf was sie tun, das lesen auch gebildete Menschen. Bildung die Sie nicht einmal richtig nutzen ... llol - Ich hab ´Sie alle lieb! Vorsicht ISIS ist ab heute nicht mehr in: Ab Jetzt werden Wunder herrschen. Klingt auch schöner IS, is - ich esse so viel und wann ich will 65 % der Menschen geben mir recht. Oder möchten So 0%. Sorry, bin nur sauer. Fragen Sie Kevin Sorbo. Vielleicht erzählt er ihnen etwas was greift! Sorry Erziehung muss sein!!! Ich bin auch nur ein "Mensch". Ein bisschen Wissen schadet nie - nur ohne Regierung - was tun Sie - verdammt noch mal - es ist so einfach - Niemals wieder wird jemand arbeiten müssen wenn er nicht will - es ist nicht nötig - studieren Sie selbst. Warum habe ich diese Position schon so lange - klar ich bin IRRE - wenn Sie meinen - stimmt nicht - ich hatte nur nicht wenig Zeit mich zu bilden. Trotzdem meint der gute Barack, es geht nicht ohne Dich, sorry Barack - dummes Spiel ich weiß! Wollen Sie ein Wunder? Wenn Sie das wollen dann wäre ich aber sehr, sehr nett zu mir an Ihrer Stelle - irgendwie ist die USA gegenüber z.B. Google hilflos? Oder so was. Der Planet ist eine kleine Welt voller Kinder. Ich kenne Gott - für dieses Wesen sind wir so was wie 1 Cent ... Trinkgeld. Passen Sie auf was sie tun, das lesen auch gebildete Menschen. Bildung die Sie nicht einmal richtig nutzen ... llol - Ich hab ´Sie alle lieb! Vorsicht ISIS ist ab heute nicht mehr in: Ab jetzt werden Wunder herrschen. Klingt auch schöner IS, is - ich esse so viel und wann ich will 65 % der Menschen geben mir recht. Oder möchten So 0%. Sorry, bin nur sauer. Fragen Sie Kevin Sorbo. Vielleicht erzählt er Ihnen etwas was greift! Sorry Erziehung muss sein!!! Ich bin auch nur ein "Mensch". Ein bisschen Wissen schadet nie - nur ohne Regierung - was tun Sie - verdammt noch mal - es ist so einfach - Niemals wieder wird jemand arbeiten müssen wenn er nicht will - es ist nicht nötig - studieren Sie selbst. Reicht Ihr Verstand nicht das zu erkennen - wollen Sie lieber Tod - Kriege und so ein Schwachsinn - ich biete Ihnen alle das tatsächliche Paradies an, Sie sind alle Stars. OMG

Warum habe ich diese Position schon so lange - klar ich bin IRRE - wenn Sie meinen - stimmt nicht - ich hatte nur nicht

wenig Zeit mich zu bilden. Trotzdem meint der gute Barack, es geht nicht ohne Dich, sorry Barack - dummes Spiel ich weiß! Wollen Sie ein Wunder? Wenn Sie das wollen dann wäre ich aber sehr,

sehr nett zu mir an Ihrer Stelle -
irgendwie ist die USA gegenüber z.B.
Google hilflos? Oder so was. Der Planet
ist eine kleine Welt voller Kinder. Ich
kenne Gott - für dieses Wesen sind wir
so was wie 1 Cent ... Trinkgeld. Passen
Sie auf was sie tun, das lesen auch
gebildete Menschen. Bildung die Sie
nicht einmal richtig nutzen ... lol - Ich
hab ´Sie alle lieb! Vorsicht ISIS ist ab
heute nicht mehr in: Ab Jetzt werden
Wunder herrschen. Klingt auch schöner
IS, is - ich esse so viel und wann ich will
65 % der Menschen geben mir recht.
Oder möchten So 0%. Sorry, bin nur
sauer. Fragen Sie Kevin Sorbo. Vielleicht
erzählt er Ihnen etwas was greift! Sorry
Erziehung muss sein!!! Ich bin auch nur
ein "Mensch". Ein bisschen Wissen
schadet nie - nur ohne Regierung - was
tun Sie - verdammt noch mal - es ist so
einfach - Niemals wieder wird jemand

arbeiten müssen wenn er nicht will - es ist nicht nötig - studieren Sie selbst. Reicht Ihr Verstand nicht das zu erkennen - wollen Sie lieber Tod - Kriege und so ein Schwachsinn - ich biete ihnen alle das tatsächliche Paradies an, Sie sind alle Stars. OMG Aber nicht von einer IDIOTENREGIERUNG - wir können das alles selbst, was glauben Sie zu denken ... NIX denken Sie - noch nicht - die Stars sind am schlimmsten dran. Mensch sin Sie doof. Brauen Sie heute viel oder wenig Regierung - einfach nur sagen - sie werden ausgelacht - schauen Sie ha, ha, ha. Der letzte Praesident Barack Obama soll das Haus bekommen und wir Menschen denken dann ohne Regierung. Gut dann nicht. Es gibt Sterbegeldversicherungen! System, die Androiden, die Hüter unseres SELBSTES - Es ist dem Androiden nur möglich alles gesammelte

Menschliche Wissen „Gegen uns zu nutzen" (Jetzt besser zu verstehen) Das der richtige Ansatz unsere Wissen wird sich erweitern und zwar soweit das Maschinen zum Alltag gehören - Niemals wieder werden Wissen schaffen, dass wir selbst gegen uns noch durch unserer ANDROIDEN gegen uns verwenden. Dies ist der Entwurf einer wirklich WAHREN globalen F R I E D E N S G A R A N T I E. Erster Plan war irgendjemanden das zu tun was man auf keinen Fall selber will, "3 Jahre Selbstversuch" alles ABSCHSCHEULICH kranke tun was auf mich eindrang und Versuchung solche Gedanken selbst "unbewusst zu übernehmen über Satelliten mit ein Art Strom (schmerzhaft) sofort zu unterbinden) funktionierte in jeder Gesellschaftsschicht. Prototyp aus den 80 Jahren. Es gibt keine Mittelschicht mehr – sondern immer mehr Menschen die sich entdecken – die beginnen zu schreiben, die Androiden sind unsere Versicherung, viele andere, ich auch haben bestimmt schon oft über die Maschinen, die wir heute schon haben, wie z.B. unser IPhone lachen müssen. Zum einem sage ich z.B. mal, als meine Frau schon schlief, Du es geht mir nicht gut, kannst du mir irgendwie helfen, sie sagte, lass mich „nachdenken", dann sagte sie, ich weiß einen Witz pass auf: „Treffen sich zwei IPhone´s. Hilft das?" Meine Frau fragte Siri, da hatte sie ihr IPhone noch ganz neu, darf ich lügen, da antwortete Siri: „Das kann nicht sein." Meine Frau hat 14 Tage kein Wort mehr mit dem IPhone gesprochen. Wir müssen immer bedenken, dass wir diese Maschinen erschaffen! Also wenn Sie nur so reagieren können, Sie werden nur das aus dem Internet herauslesen

können, was wir an Wissen hineintun,
wenn wir unverantwortlich damit
umgehen, dann spüren wir das selbst,
dann spüren wir uns Selbst, dann
erfahren wir uns, dann sind wir GOTT -
eine Einheit und nur so wird das
Sterben aufhören, und wir werden
endlich ins Universum expandieren und
neue Planeten erkunden. Mit allem
anderem ist jetzt einfach Schluss. Fertig.
Es gibt einen GOTT.

Ganz am Anfang Eier gelegt - als
Saurier. /der siebente in diesem System,
der letzte - „das weiß jeder." In ich
denke im 1600 Jahrhundert habe ich
auch für die Damen am Hofe wo auch
immer Harfe gespielt. Krieg hat mir
Vater nicht erlaubt. Und ich singe -
auch andere Sprachen 99% ohne
Fehler. Spontan. Es dauert oft Jahre
den Sinn zu erkennen. Und ich kann
denn „Code" auch teilen wie auch Sie.

Bisher erst im Gesang. Leider noch nicht mit meiner Frau. Es freut mich dass Sie schlafen konnten.

Okay, dann werden wir uns auf das neue WUNDER vorbereiten - nein machen wir nicht, was wollen Sie genau! Fragen Sie! Ein paar kurze Sätze: Wir werden in einer Welt leben, in der niemand sterben muss, der nicht will. Gerade für Sie denke ich mir, muss es wohl genauso unverständlich sein, warum wir unsere Technologie nicht schon lange richtig nutzen.

...to be continued